昆虫
那些重要的事

蒋庆利　编著

为儿童量身打造的昆虫探索百科

吉林出版集团股份有限公司 | 全国百佳图书出版单位

昆虫知多少

昆虫的种类

昆虫大揭秘

昆虫趣闻

身边的昆虫

这可不是昆虫

史前密码

吃昆虫的植物

昆虫知多少

　　据科学家统计，全世界已知昆虫有 100 多万种。我们所生活的世界，甚至可以称为"昆虫的世界"。那大小各异、种类繁多的昆虫有什么共同的特征呢？让我们一起来看看吧！

神奇昆虫知多少

庞大的数量

昆虫是地球上数量最多的动物，并且种类特别丰富。目前已命名的昆虫种类有 100 多万，分布在几乎我们能想到的所有地方。

无处不在的昆虫

昆虫几乎存在于各个角落，陆地、天空、地下和水中等都能看到它们的身影。

无处不在的昆虫

无处不在的昆虫邻居

　　和我们的生活最紧密的不是小猫小狗，而是昆虫。它们无处不在，天上，水里，甚至家里都可以看到它们的身影。有的昆虫对人类有害，有的昆虫对人类有益，让我们一起了解一下我们的昆虫邻居吧！

让我们来看一看下面图中藏着多少小动物吧，

其中有多少是昆虫呢？

蚊子

蜻蜓

水黾

青蛙卵

水甲虫

水蛭

蝌蚪

蝾螈

田螺

水蝎

多姿多彩的昆虫世界

小朋友，欢迎来到昆虫的世界！接下来，这本书将会给你完整地讲解关于昆虫的知识。你准备好了吗？让我们出发吧！

昆虫遍布在人们生活中的各个角落

昆虫是世界上种类最多的动物群体，在这个"虫丁兴旺"的大家族里有超过100万种成员。数量和种类繁多的它们无处不在，与人类的活动息息相关。

昆虫给人类的启示

　　昆虫的社会组织和分工等，不乏对人类生活的启示。所以了解昆虫、研究昆虫，是对生活有益处且很有趣的事。

　　昆虫一般分为头、胸、腹三部分。它们用外骨骼把自己武装起来。昆虫的一生要经历多种形态的变化。让我们更细致地去了解它们吧！

昆虫的种类

昆虫属于无脊椎动物中的节肢动物，种类繁多、形态各异，是地球上数量最多的动物群体，几乎遍布世界的每一个角落。

　　在这个生机勃勃的地球上，已知的昆虫数量就占地球上已知生物种类的一半以上。科学家为了区分它们，给它们划分了不同的"目"，方便大家去分辨和记忆它们。

　　你对昆虫了解多少呢？让我们跟随这本书去探索神秘的昆虫国度吧！

昆虫大家族

双翅目

无翅的蛆或孑孓经过化蛹后变为能够飞翔的成虫。它们的食性广且杂，口器为刺吸式和舐吸式，大多数为农业害虫，比如蚊、蝇。

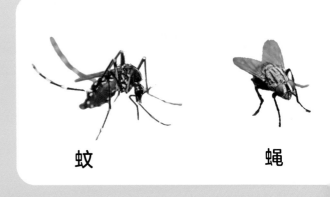

蚊　　　　　蝇

蚂蚁　　　　　蜜蜂

膜翅目

它们有细窄的腰和两对极薄的翅膀，有的带有螫刺。绝大多数的膜翅目昆虫会聚在一起生活，有自己固定的种群。它们大多是对人类有益的传粉昆虫，比如蚂蚁、蜜蜂。

鞘翅目

统称"甲虫"。它们的身体坚硬，口器为咀嚼式，前翅角质，后翅膜质。它们是昆虫中乃至动物界中种类最多、分布最广的，比如天牛、独角仙、蜣螂等。

天牛　　　　　独角仙

鳞翅目

　　成虫称"蛾"或"蝶"。大多数种类的体壁很柔软且脆弱，头部和翅覆毛和鳞片。

蝴蝶　　　　　　　**飞蛾**

蜻蜓　　　　　　　**豆娘**

蜻蜓目

　　其代表就是蜻蜓和豆娘，它们两类之间有千丝万缕的联系，也有一些细小的差别。它们的食物均是蚊、蝇等农林牧业的害虫，是有益于人类生活的昆虫。

直翅目

　　它们广泛分布于世界各地，大多数是中型或大型，前翅为覆翅，后翅扇状折叠，后足多发达善跳，口器为典型的咀嚼式口器。比如蟋蟀和蝈蝈。

蝈蝈

蝉　　　　　　　**蝽象**

半翅目

　　通称"蝽"，成虫体壁坚硬。它们是昆虫纲中较大的类群之一，比如蝉和蚜虫等。

令人讨厌的"恶魔" ——双翅目

无翅的蛆或孑孓经过化蛹后变为能够飞翔的成虫，即双翅目昆虫。它们大多数摄取液态的食物，例如腐败的有机物或是花蜜、树汁等。

双翅目昆虫体长一般为 0.5—50 毫米。体短宽或纤细，圆筒形或近球形。

微距苍蝇

双翅目的代表：

常见的苍蝇是此类昆虫的代表。它们仅有一对翅膀。用以保持飞行平衡的方式是由一对平衡棒代替后翅。

苍蝇

蚊子

双翅目幼虫的分类:

双翅目幼虫食性广且杂，大致分成四类:
- 植食性——多为农作物害虫。
- 腐食性或粪食性——取食腐败的动植物或粪便。
- 捕食性——以其他昆虫为食。
- 寄生性——寄生于昆虫或动物体内。

辛勤的族群
——膜翅目

膜翅目中绝大多数种类是对人类有益的传粉昆虫和寄生性或捕食性天敌昆虫。以花粉和花蜜为主要食物的蜜蜂有助于作物授粉，能够提高作物的结实率，并为人类提供蜂蜜等产品。只有少数为植食性的农林作物害虫。捕食性昆虫主要包括胡蜂、泥蜂、土蜂等科的成虫。

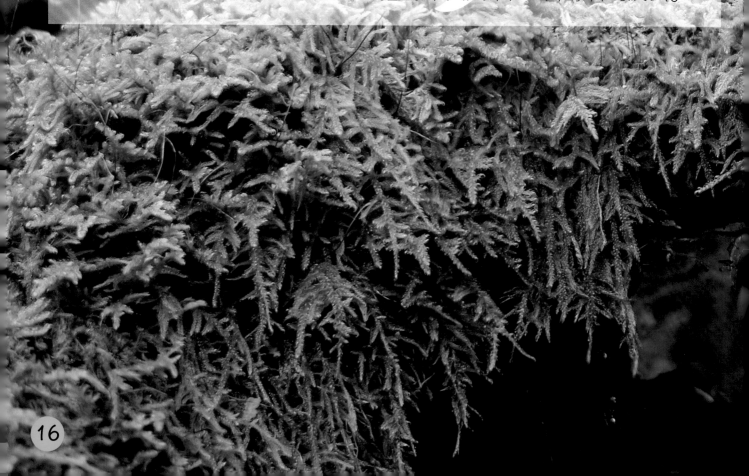

蜜蜂

蜜蜂为花授粉的行为对自然界来说是极其重要的。如果没有蜜蜂为花授粉，那么许多植物就无法孕育出果实。

膜翅目昆虫广泛分布于世界各地，以热带和亚热带地区种类最多，已知约 12 万种，中国已知 2300 余种。它们是最低等的完全变态类昆虫。

黄蜂

蚂蚁

蜜蜂、黄蜂和蚂蚁都属于膜翅目，它们共同的特征是有细窄的腰和两对极薄的翅膀，有的带有螯刺。它们绝大多数会集群生存，构成固定的种群。

身披盔甲的昆虫
——鞘翅目

甲虫

统称甲虫。它们是昆虫中乃至动物界中种类最多、分布最广的。

甲虫类昆虫体形大小差异甚大。

吉丁虫因为有鲜艳、漂亮的甲壳曾经遭到大量捕杀。

甲虫的产卵方式多是以伪产卵器直接产于土内或植物上。

有的甲虫以植物为食，对植物的破坏性很大。它们的到来会给农作物带来很大损失，深受农民伯伯的痛恨。

相反，七星瓢虫是农民伯伯的好朋友，成虫可捕食蚜虫等害虫，大大减少果树、农作物的损失，被称为"活农药"。

甲虫产卵的方式多种多样，幼虫为寡足型，少数为无足型。

优雅的精灵
——鳞翅目

蝶类大部分具有昼行性。蛾类在黄昏、黎明和夜间飞行。

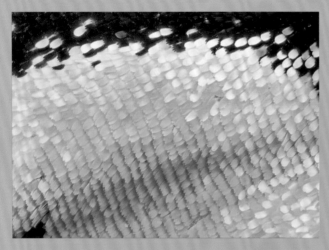

鳞翅目翅膀上的粉状物其实是细小的鳞片，颜色有绿、蓝、金黄、银等各种金属光泽，但大多数蛾类为暗色。它们翅上布满鳞毛，组成特殊的斑纹，在分类上常用到。

其虹吸式口器由下颚的外颚叶特化形成，上颚退化或消失。成虫一般取食花蜜、水等，不为害（除少数外，如吸果夜蛾为害近成熟的果实）。

发育过程

蝶类和蛾类的复眼约有2.8万个小眼, 十分发达; 单眼通常2个, 位于复眼后方, 但也有一些蝶类及尺蛾类无单眼。

腹部呈圆筒形或纺锤形, 10节, 第1节退化, 腹板消失或仅呈膜状。雌虫腹部可见7节, 第7节明显延长, 第8节至第10节显著变细, 套缩入第7节内, 产卵时可以伸出, 形成伪产卵器。

空中杀手
——蜻蜓目

蜻蜓目是节肢动物门的一目。蜻蜓是一类比较原始且种类较少的昆虫，全世界约有 5000 种。蜻蜓是食肉性昆虫，捕食苍蝇、蚊子、叶蝉、虻蠓类和小型蝶蛾类等多种农林牧业害虫。蜻蜓是有益于人类的昆虫。

◀蜻蜓
- 颜色多艳丽。
- 触角短小，刚毛状，3—7 节。
- 复眼发达，占头部的大部分，单眼 3 个。
- 口器咀嚼式。上颚发达。
- 前胸较细如颈。中胸、后胸合并，称合胸。

翅膀结构 ▶
两对翅膜质，薄且透明，翅多横脉，翅前缘近翅顶处常有翅痣。

你能分清它们吗？

蜻蜓　　　　　　　　　　豆娘

1. 眼睛的距离
蜻蜓的复眼大部分是彼此相连或只有小距离的分开。
豆娘的两眼有相当大距离的分开，形状如同哑铃一般。

2. 翅膀的形状
蜻蜓的前后翅形状、大小不同，差异甚大。豆娘，束翅亚目，其前后翅形状、大小近似，差异甚小。

3. 腹部的形状
蜻蜓的腹部较为扁平，也较粗。豆娘的腹部较为细瘦，呈圆棍棒状。

4. 停栖方式
蜻蜓在停栖时，会将翅膀平展在身体的两侧。豆娘在停栖时，一般会将翅膀合起来直立于背上。

5. 胸部
蜻蜓的胸部肌肉较发达，健壮、宽阔，而豆娘的胸部比较狭小。

6. 飞行能力
蜻蜓的飞行能力强，而豆娘的飞行能力却很弱。

优秀运动员
——直翅目

直翅目属于节肢动物门。直翅目昆虫广泛分布于世界各地，在热带地区种类多。全世界已知1.8万余种。它们多为中型或大型，前翅为覆翅，后翅扇状折叠，后足多发达善跳，包括蝗虫、螽斯、蟋蟀、蝼蛄等。

后腿发达！善于跳跃！

蝈蝈的自白

　　小朋友，你好！我是蝈蝈，我虽然和蟋蟀都属于直翅目，一样都用翅膀唱歌，但我的歌声更加洪亮、清脆，更受"听众们"的喜爱和追捧。我们蝈蝈可不是害虫，而是益虫，危害农作物的害虫大部分都是我们的食物。

我前胸特别发达，可活动；前胸背板发达，常向背面隆起呈马鞍形。

化学武器专家
——半翅目

　　半翅目属于节肢动物门。半翅目昆虫通称"蝽"，成虫体壁坚硬，是昆虫纲中较大的类群之一。其前翅在静止时覆盖在身体背面，后翅藏于其下，由于一些类群前翅基部骨化加厚，成为"半鞘翅"，故而得名"半翅目"，属半变态昆虫。

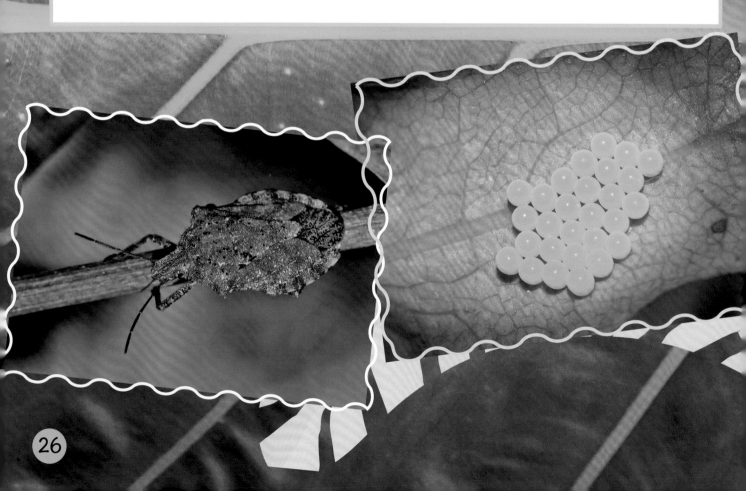

我可以散发出难闻的气味来让天敌放弃攻击我。

它们前胸背板大，中胸小盾片发达；前翅基半部骨化，端半部膜质，为半鞘翅；许多种类有臭腺，开口于胸部腹面两侧和腹部背面等处。

昆虫大揭秘

让我们跟着这本书一起由外到内地了解昆虫，来看看它们小小的身躯里都藏着什么精密的结构吧！相信看完之后，你会对这些小家伙有更深的了解。

精巧美丽的翅膀

昆虫都有翅膀吗？

昆虫纲是节肢动物门数量最多的一纲，又分为体型小、没有翅膀的无翅亚纲，以及体型较大、有翅膀且有变态发育过程的有翅亚纲，比如螳螂和蝴蝶，但有些物种在进化中为了更适应环境而"抛弃"了翅膀。

你能分清它们的翅膀吗？

蝴蝶

鳞片状的翅膀

脉络分明的翅膀

脉络分明的翅膀

复数对的翅膀

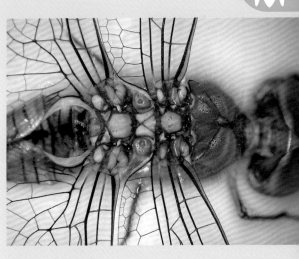

蜻蜓的翅膀

●翅膀柔软的蜻蜓能在很小的推动力下翱翔天际，并可以灵活地向前、向后、向左、向右飞行，原因就在于蜻蜓翅膀的震动可以产生涡流而抬升躯体。

仿生学

●研究蜻蜓的飞行原理对飞机的设计制造具有重要意义。飞机设计师在飞机的两翼各设一处加厚区，也叫飞机平衡重锤，就是仿照蜻蜓的翅痣而发明的，这处设计解决了飞机由于剧烈震动而发生机翼断裂的问题。

各种各样的足

昆虫为了适应各种各样的生活环境而进化出了各种各样的足。不同的足有不同的功能，可以帮助昆虫在不同的环境中更好地生活下去。

运动方式

昆虫生活在不同的环境中，运动方式也不同，体现出对生活环境的适应，运动方式有蠕动、跳跃、飞行、游泳、爬行等。

▼ 开掘足

◀ 步行足

▲ 攀缘足

▲ 游泳足

▲ 携粉足

不同足的不同作用

生活在毛发上的虱类的跗节只有1节，最末一节为一大型钩状的爪，胫节肥大，外缘有一指状的突起。当爪向内弯曲时，尖端可与胫节端部的指状突起密接，构成钳状构造，牢牢地夹住寄主的毛发。

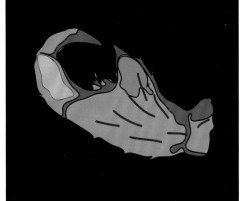

开掘足

较宽扁，腿节或胫节具齿，非常有力，适于挖土及拉断植物的细根，如土栖昆虫蝼蛄、蝉的若虫等前足。

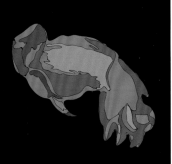

步行足

步行足是昆虫最基本和最常见的一类足。拥有步行足的昆虫通常不善于飞行，在不断地演变中，它们的腿变得又细又长，可以迅速在危险中逃离，躲避天敌的"追杀"。常见的具有步行足的昆虫有蚂蚁、天牛、瓢虫等。

携粉足

这种足部的结构适于采集与携带花粉，例如蜜蜂总科昆虫的后足。采粉时，工蜂利用花粉刷将全身细毛上沾满的花粉粒刷下，混以唾液和采得的一部分花蜜，黏合成小团块儿，装入花粉篮中，随后带回巢内，再进行加工。

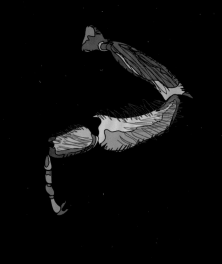

游泳足

生活在水中的鞘翅目和半翅目的昆虫的后足常特化成桨状的构造，一般各节延长，变扁平，边缘缀有长毛。当足向前滑动时，缘毛张开有助于向前运动。如龙虱的后足。

精密神奇的眼

昆虫的眼睛很神奇，有单眼和复眼之分。两种眼睛配合可以大角度转动的头部，让昆虫几乎可以看到身体周围360°的环境，大大提高了昆虫逃生和捕猎的能力。

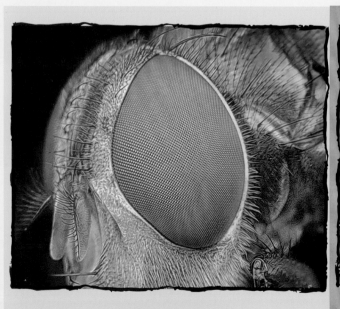

▲ 复眼侧面特写

▲ 复眼正面特写

▲ 单眼

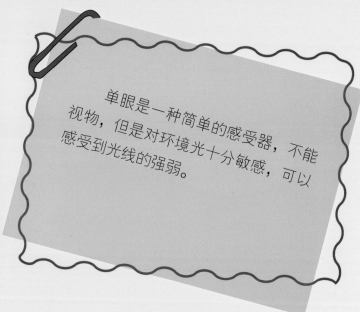

单眼是一种简单的感受器，不能视物，但是对环境光十分敏感，可以感受到光线的强弱。

复眼是昆虫的主要视觉器官，通常是指在昆虫头部的突出位置，由不定量的小眼组成的感知器官。复眼中的小眼面一般成六角形，不同的昆虫小眼的数量、大小、形状都各不相同，差异很大。

家蝇的复眼约由 4000 个小眼组成，蝶类和蛾类的复眼约有 2.8 万个小眼。

构造复杂的口器

具有不同食性的昆虫会有不同的口器

　　因为昆虫的食性非常广泛，所以口器种类也很多。咀嚼式口器是最原始的，其他类型均由咀嚼式口器演化而来。

咀嚼式口器

蝶类和蛾类的幼虫多具有咀嚼式口器，它们中大多数种类的体壁很柔软且脆弱，头部和翅覆毛和鳞片。

虹吸式口器

虹吸式口器拥有长管状的食物道，喙盘卷在头部前下方，如钟表的发条一样，用时伸长。

舐吸式口器

舐吸式口器是双翅目蝇类特有的口器，用以收集物体表面的液汁。

嚼吸式口器

嚼吸式口器构造十分复杂。该类口器除了可用作咀嚼外，还能吸收液体食物，不用时可分开。

刺吸式口器

刺吸式口器为针管形，用以吸食植物或动物体内的液汁。这种口器不能取食固体食物，只能吸取汁液。

奇特的器官

咽腺

唾液腺

食管

胸神经球

心脏

气囊

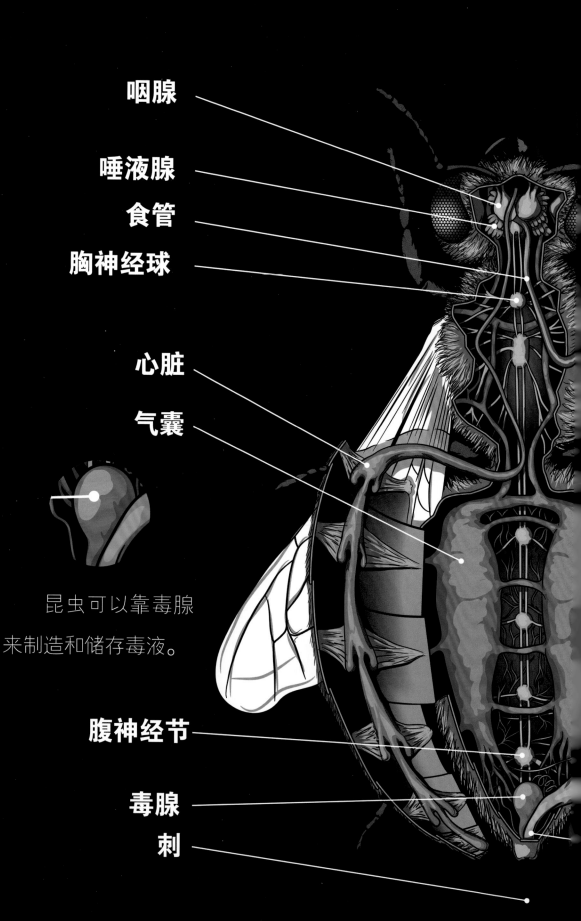

昆虫可以靠毒腺
来制造和储存毒液。

腹神经节

毒腺

刺

触角

前足

复眼

一起来看看昆虫体内有哪些奇特的器官吧！

昆虫的主要视觉器官，通常在昆虫的头部。多数昆虫的复眼呈圆形、卵圆形或肾形。

第二对足

马氏管

胃

（中肠腺）

用于排泄和渗透调节的主要器官，帮助保持水和电解液的平衡。

花粉梳

后肠

第三对足

直肠

昆虫虽然很小，但器官可一点也不马虎，科学家们甚至从昆虫的器官得到许多启发。

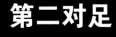

昆虫趣闻

昆虫王国是一个充满乐趣的世界。在认识了我们生活中的常见昆虫后,你聪明的小脑袋里肯定充满了对昆虫趣闻的向往。那在昆虫的世界里都有哪些奇闻怪事呢?让我们去看看吧!

昆虫的食物

不同种类的昆虫的获取食物方式和食物类别有所不同。它们的食物五花八门，无论是动物、植物，还是腐殖动植物，甚至血液都可能成为它们的食物，例如，在土壤中生活的昆虫都以植物的根和土壤中的腐殖质为食；有毒的昆虫则会经常吃一些有毒的植物来将毒汁藏在体内，以保护自己的安全，等等。

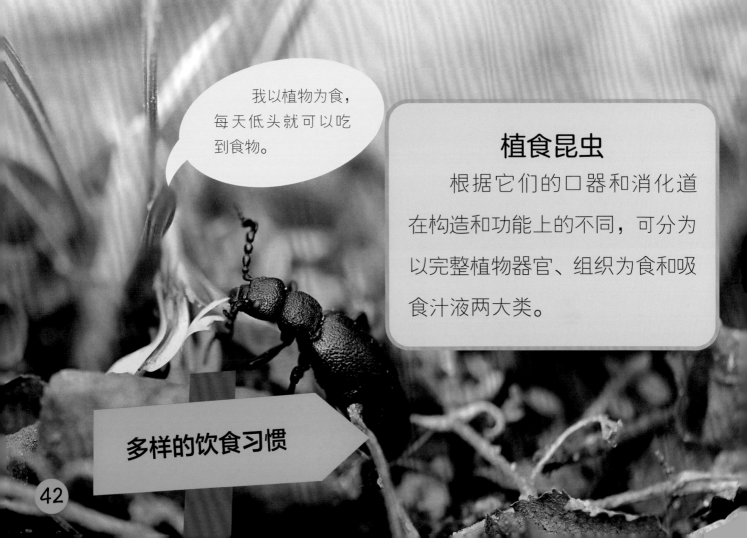

我以植物为食，每天低头就可以吃到食物。

植食昆虫
根据它们的口器和消化道在构造和功能上的不同，可分为以完整植物器官、组织为食和吸食汁液两大类。

多样的饮食习惯

肉食昆虫：

蜻蜓

别看蜻蜓长得小巧可爱，它可是名副其实的空中杀手。它们也是飞行速度最快的昆虫之一。蜻蜓以苍蝇、蚊子等小昆虫为食。

螳螂

螳螂能够捕捉的猎物有很多，小到蝇、蚊蝗、蛾蝶类的卵和幼虫，大到某些昆虫的成虫，甚至蝉、蝗虫等都可以成为它们的捕食对象。

蚊子

蚊子可远没有上面介绍的两个昆虫"招人喜欢"，不仅是人见人厌的害虫，还是传播疾病的凶手。雌性蚊子依靠吸食血液为生，雄性蚊子靠吸食花蜜为生。

昆虫的悄悄话

像人类一样，昆虫之间也会交流。但在多数情况下，人类听不到它们的"窃窃私语"。让我们来一起听听它们的"悄悄话"吧！

昆虫传递信息的主要形式是利用灵敏的嗅觉器官识别一些信息化合物，不同种类的昆虫依靠展示武器或夸张的动作沟通。

正在示威的螳螂

蜜蜂的"舞蹈"

蜜蜂会通过特殊的"舞蹈"来传递信息。例如，蜜蜂的嗅觉是很灵敏的，蜂群中的"侦查蜂"在发现了有利的采蜜地点或优质蜜源植物后，会变身为"采集蜂"，采集大量的花蜜回到蜂巢之后会跳一种"回转舞"。蜂巢内的同伴便懂了它的意思，纷纷向目的地飞去。

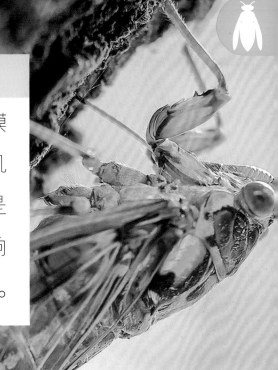

临风高歌的蝉

  雄蝉发音器在腹肌部，像蒙上了一层鼓膜的大鼓，鼓膜受到振动而发出声音。因为鸣肌每秒能伸缩高达1万多次，盖板和鼓膜之间是空的，能引起共鸣的作用，所以其鸣声特别响亮，并且能轮流利用各种不同的声调激昂高歌。

  雌蝉是不会发声的，这是因为雌蝉的"乐器构造"发育得不完全，但它们会跟据雄蝉的"歌声"来判断适合交配的雄蝉的位置。

蚂蚁的交流

  细心的小朋友一定看过蚂蚁时不时地碰一碰对方的触角。不过，它们可不是看触角摆动的轨迹来交流的，它们靠的是用触角来识别气味，而且消息传播非常高效，很快就能传播到整个蚁群。

昆虫中的"伪装高手"

弱肉强食、适者生存是自然界的重要法则，在竞争激烈的大自然中，昆虫在体型和杀伤力上几乎没有优势，但它们有保护自己的特殊方式，例如，"伪装"。

枯叶螳螂

枯叶螳螂主要生活在马来西亚、菲律宾等地的雨林里。枯叶螳螂的翅膀和背板都形似枯叶，相比之下，雌性枯叶螳螂的拟态更为逼真。

通过伪装来躲避天敌的侵害！

叶虫将身体的纹脉伪装成叶子的叶脉，6条腿和身体边缘居然能像枯叶一样"枯萎"。

兰花螳螂会伪装成绽放的兰花，守株待兔，捕获猎物。

罗宾蛾依靠花里胡哨的外表来伪装成有毒的生物，警告捕食者：我不好吃！

枯叶蝶

其翅反面的色泽线纹因个体和季节不同而有差异，但不脱离枯叶状。该蝶为世界著名拟态昆虫，就像树枝上的一片干枯了的树叶，谁也不注意它，谁也不会多瞧它一眼。

美丽的甲虫大军

一些人早已把甲虫当做了宠物来饲养。巨大的个头、靓丽的甲壳，让它们价格不菲。

▲ 天牛　　　　　▲ 彩虹锹甲　　　　　▲ 舍恩赫尔彩虹象甲

▲ 吉丁虫

▲ 金花甲虫

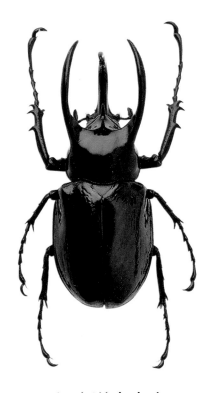

▲ 南洋大兜虫

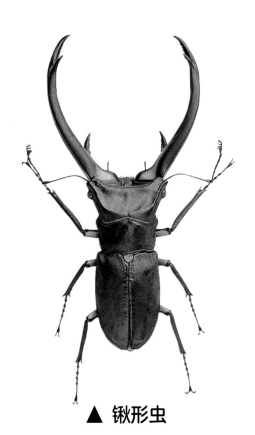

▲ 锹形虫

昆虫也会迁徙吗？

壮观的迁徙

黑脉金斑蝶成虫能存活 4—5 周，但是每个夏天都会有能存活数月的超级一代出生。它们从加拿大飞到墨西哥中部冬眠，长达 5000 千米的迁徙路程，比其他任何昆虫都要长。

蝴蝶的发育过程

蝴蝶属于完全变态类的昆虫，它的一生具有 4 个明显不同的发育阶段：卵、幼虫、蛹、成虫。

毛毛虫初期

毛毛虫

卵

蛹

蝴蝶成虫

从蛹往外爬的蝴蝶

蛹

蛹

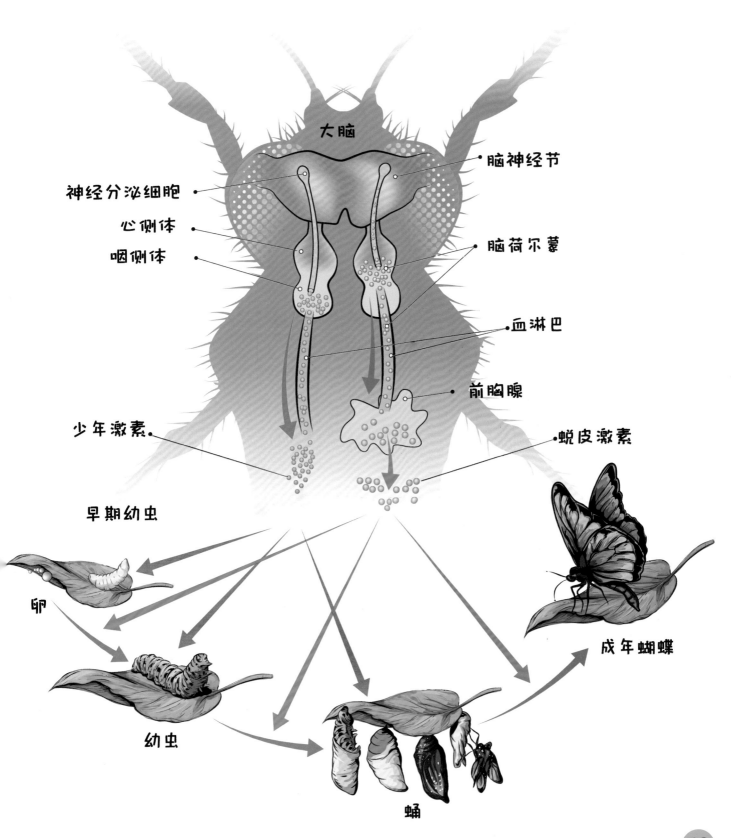

大脑

脑神经节

神经分泌细胞

心侧体

咽侧体

脑荷尔蒙

血淋巴

前胸腺

少年激素

蜕皮激素

早期幼虫

卵

成年蝴蝶

幼虫

蛹

昆虫的群居部落

　　就像我们人类的社会生活一样，许多昆虫在自身弱小或者食物匮乏的情况下，选择群居生活。群居的部落生活使同类之间互相帮助，也使得这个种群更好地生存下去、更多地繁衍下去。

蚂蚁群可以捕食比自己大很多的食物。

蜜蜂正在合伙建巢喂养幼虫和蜂王。

●终生群居型——蚁类、蜂类。群体内有多种形体分化，分担不同职能。

●虫态群居型——很多昆虫并不是所有虫态都群居。有的为幼虫群居型，即幼虫时期群居，成虫之后各自离散。

●环境胁迫型——本来是散居型，当环境不适或种群密度过大时，个体统一或不统一产生变化，成为群居型形态。

群体生活可以更好地保护昆虫个体。在这些昆虫中，所有的成员都为群体的利益而工作，协同筑巢、觅食和哺育后代。每个个体都有属于自己的位置和工作，工作效率很高。

毛虫幼虫群体在一起集中危害一枝树叶，有明显的群居性，但成虫之后就会各自离散。

蝗虫本是散居型，倾向于避开同类独自生存，但在特殊情况下，由于本身数量或者食物数量等一些原因，散居型会转变为群居型，严重时会形成"蝗灾"，给生态环境带来沉重打击。

●灵活性——群体可以适应随时变化的环境。
●稳健性——是指即使个体失败、整个群体仍然可以完成任务。
合作群居并不是高级动物的特权，小到蚂蚁，大到大象、斑马、羚羊，都有群居的生活习性。

蚂蚁的巢穴

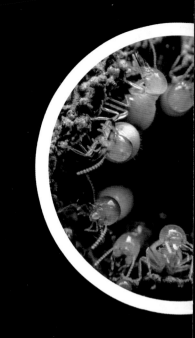

蚂蚁的巢穴从地上面看，只能见到一个小孔，其实它们地下的房子十分庞大且复杂。蚁穴中有很多房间，还有无数互相连接的通道。所有这些房间都由工蚁照看，它们把一切搞得井井有条。

▲ 外表像个土丘

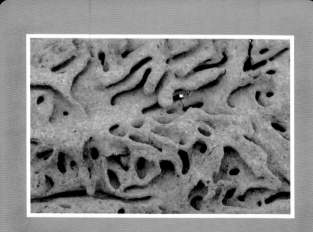

▲ 内里复杂的城堡

照看卵的蚂蚁

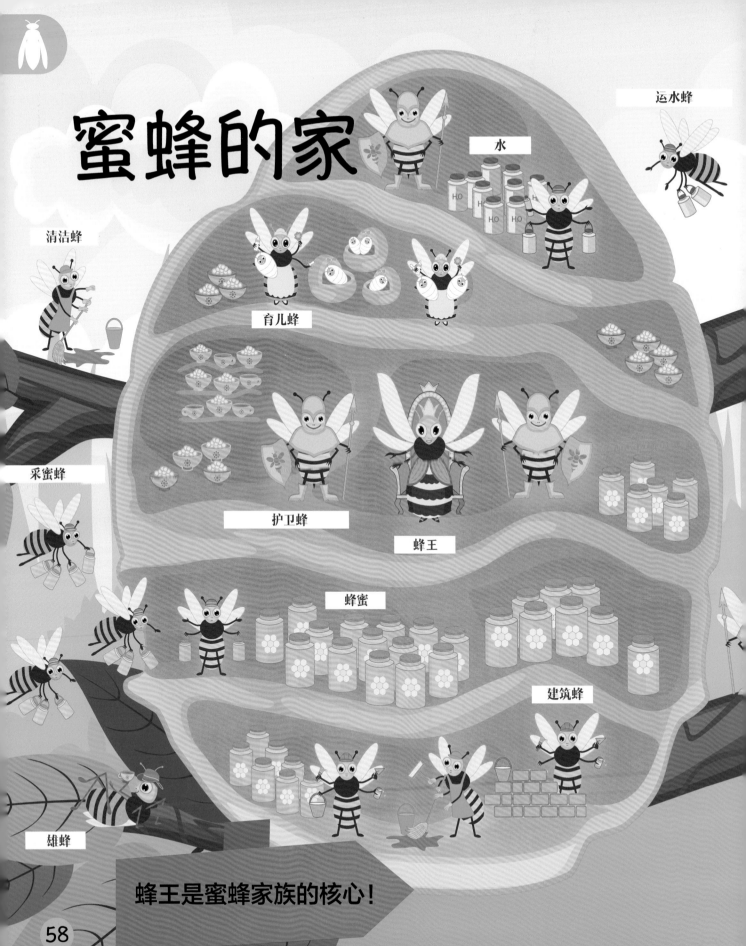

蜜蜂的家

运水蜂

水

清洁蜂

育儿蜂

采蜜蜂

护卫蜂

蜂王

蜂蜜

建筑蜂

雄蜂

蜂王是蜜蜂家族的核心！

蜜蜂是群居昆虫，它们用蜂蜡筑成的蜂巢是一座既轻巧坚固又精美实用的艺术品。蜜蜂群和人类社会相似，拥有完整的分工和符合规则的运行机制。大概有 3 种不同职能的蜜蜂。

蜂王是一个蜂群中独一无二的存在，只有它有生育小蜜蜂的能力，所以蜂王不用每天辛辛苦苦去采蜜。吃王浆长大的蜂王，寿命长达 5—6 年，是蜂群中个头最大、寿命最长的那个。

雄峰是小蜜蜂们的爸爸，整日懒洋洋的。它们不用像工蜂一样出去采蜜、回来育子，就连吃蜜都要工蜂喂。雄峰通常体格健壮、复眼发达，任意出入每一个蜂场，专职做蜂王的丈夫。

工蜂在生命初期分泌王浆来饲养蜂王。长大一点后，它们会分泌蜂蜡筑巢。等到进入中年了，它们便要开始采蜜的生活。它们平时还要守卫蜂巢，幼虫也需要工蜂的抚育。工蜂几乎担负了蜂群中所有的工作。

宠物昆虫

现在昆虫也走入了人们的家庭，和小猫、小狗一样被人类饲养，成为人们家庭的一分子。

蝴蝶

世界上
前五名最受欢迎的
宠物昆虫

蚕可以缫丝，是中国农业生产中最重要的昆虫之一。

竹节虫是最容易清理卫生的昆虫。

蟋蟀

皇蛾

最大的蝴蝶

拥有世界最长的翼展

30 厘米

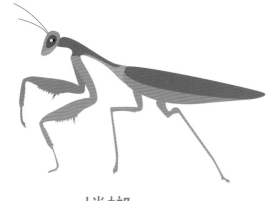

螳螂

蚂蚁

双叉犀金龟

瓢虫

澳大利亚巨型蟑螂

小心！
这些昆虫有危险！

▲杀人蜂是一群凶猛的"怪物"，它们的感官特别发达，30米范围内的噪声或是气味等都可能是它们愤怒的原因。只要它们遇到了认为对族群有威胁的活体，便会倾巢而出，长距离追赶并拼命进行无差别攻击。

▲有的毛毛虫身上的绒毛是有毒的，绒毛中蕴含可以让人类皮肤过敏的轻微毒素。小朋友，当你在野外看到这种毛毛虫时请不要碰触它们。

依毒液不同的释放途径分类

（一）接触——接触人体后，人体局部发生痛痒、发热等症状。

例如，毒蛾、芫菁、隐翅虫等。

（二）喷射——受惊扰时，喷出毒液。

例如，步行虫等。

（三）钻刺——利用口器将毒液注入人体中。

例如，蚊、蚋、虻、食虫椿象、床虱等。

（四）锥刺——利用腹部末端针状组织刺穿人体皮肤后注入毒液。

例如，蜜蜂、胡蜂等。

（五）吞食——人意外吞食有毒昆虫或将之当作食物取用，常将其毒液带入体内引发中毒现象。

▲蚊子是夏天很常见的毒虫，几乎每个人都曾经被蚊子叮咬过。被蚊子叮咬后的皮肤会红肿、发痒、疼痛，让人十分难受。不仅如此，通过吸血，蚊子还会传播很多疾病。

▲隐翅虫也被称为"青腰虫"。全世界已知的能够引发人类中毒的隐翅虫有 20 多种。隐翅虫并不依靠血液生存，一般不会主动攻击人类，但是隐翅虫体内含有强酸性毒素，与人体接触后，人体会发生过敏反应，出现红肿、脓包等症状。

大家都藏在哪里？

小朋友来找找图中的昆虫吧！

身边的昆虫

正如学者说的那样："我们的世界需要昆虫等无脊椎动物，但无脊椎动物的世界却不需要我们。如果无脊椎动物明天消失了，我怀疑人类是否能够活过几个月。"

让我们仔细观察身边的昆虫，看看它们是如何度过了不起的"虫生"吧！

劳动模范——蜜蜂

蜜峰为花授粉的行为在自然界中极为重要。如果没有蜜峰为花授粉，许多植物就无法孕育后代。

▲蜂巢

▲采蜜的蜂

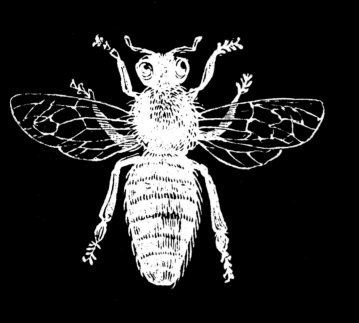

蜂的结构

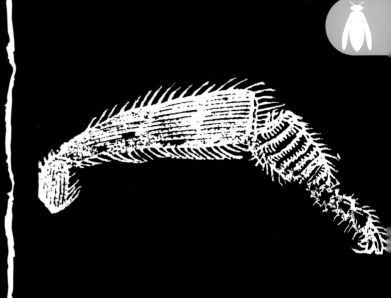

蜂腿的结构

蜂的身体结构

● 蜜蜂、黄蜂和蚂蚁都属于膜翅目昆虫，它们共同的特征是都有细窄的腰和两对极薄的翅膀，有的带有螫刺。

● 头部明显，正面观横形，有时几呈球形，颈部细小，可自由转动。

● 触角形状多变化，有丝状、棒状、膝状、栉状和扇状等。

● 口器多为咀嚼式。

● 胸部包括前胸、中胸、后胸及并胸腹节。前胸一般较小，横形或不明显。头与前胸之间有颈。

● 腹部通常 10 节，少的也可见 3—4 节。

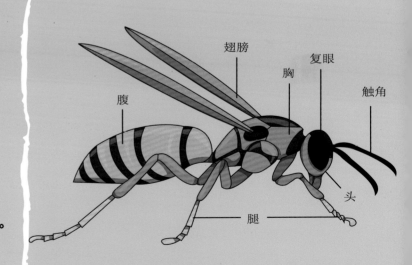

腹　翅膀　胸　复眼　触角　头　腿

农田卫士——泥蜂

　　泥蜂的社会性发展较弱，大多数为独栖性，少数种类类似共同生活，即若干雌蜂共用一个巢口和通道，每个雌蜂再单独构筑自己的巢室，还有子女帮助母亲照顾兄弟姊妹的种类。

　　泥蜂化石最早于下白垩纪发现。泥蜂可能起源于膜翅目寄生类群的祖先。

　　泥蜂是农田中重要的"保护者"，以大多数农作物害虫和花粉为食，在捕杀害虫的同时还帮植物传播了花粉，是农民伯伯的"好助手"。

▲正在挖巢的泥蜂

穿花衣裳的瓢虫

瓢虫为鞘翅目瓢虫科圆形突起的甲虫的通称，是体色鲜艳的小型昆虫，常具红色、黑色或黄色斑点。

瓢虫的食物 ▶

成年肉食性瓢虫会捕食任何肉质嫩软的昆虫，只要是没有披戴盔甲和其他保护外套且身体柔软、体型小的昆虫，都有可能成为它们的美餐。不过，它们最喜欢吃的是蚜虫。

瓢虫的幼虫

　　雌的肉食性瓢虫会产下大量的卵，通常把卵分布在蚜虫时常出没的地方，以确保儿女出生后能获取最大的生存机率。卵被孵化后，新出生的幼虫就会把身边的蚜虫作为它们的"可口的小吃"。

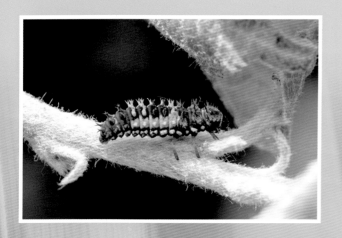

　　幼虫的模样与它们的父母区别很大，还没有装备上厚实的盔甲，身体非常柔软，成节状分布，但却长着些坚硬的鬃毛，可以起到保护作用。它们的下颚强壮有力，形状就像一把钳子，能够轻易地洞穿蚜虫的身体。

小小战争狂——蚂蚁

蚂蚁是地球上最常见的昆虫，也是数量最多的昆虫之一。由于各种蚂蚁都是社会性生活的群体，在古代通称"蚁"。

蚂蚁是如何记住巢穴的？

为了能在变换不断的环境中出发并回到蚁巢，沙漠箭蚁懂得利用太阳发出的偏振光回巢。而亚马逊蚂蚁通过记住视觉参照物来制定航向，而且这一记就是一辈子，它们存储众多信息后，再根据所到之处调出相关信息。

蚂蚁的寿命

蚂蚁的寿命有长有短，有的工蚁可以活 1 个星期，而有的工蚁可以活 3—10 年。比工蚁的活动少、危险小、食物更充足的蚁后普遍可以存活几年，甚至几十年。

▲ 搬运同伴尸体的蚂蚁

有的蚂蚁的"战斗性"很强，它们在同种间或异种间常常爆发"战争"。"战争的原因"也千奇百怪，有的是因为食物，有的是因为领土，还有的是因为自己的"冒险心"。

"放牧"蚜虫的蚂蚁

因为蚜虫靠植物的汁液为食，所以会分泌出"蜜露"，这是蚂蚁非常喜欢吃食物，蚂蚁经常会敲打蚜虫的背部来得到这"美味佳肴"。所以蚂蚁会保护蚜虫，给蚜虫御寒的住所，维持蚜虫的生命。

温柔育儿师——蚂蚁

工蚁会时常搬动卵，保证卵接触到
清新的空气和适宜的温度。它们还会把
卵衔放在口中，促进胚胎发育。

白色"恶魔"——白蚁

　　白蚁与蚂蚁虽同称为蚁，但在分类上，白蚁属于较低级的半变态昆虫，蚂蚁则属于较高级的全变态昆虫。根据化石判断，白蚁可能是由古直翅目昆虫发展而来的。

　　白蚁是动物世界的建筑大师，它们建造的标志性土丘高度可达到3米。这种"摩天楼"采用白蚁嚼碎的树枝、泥土和粪便建造，内部环境非常舒适。

　　白蚁建造的土丘的通风堪称完美，犹如安装空调一般，同时也可收集冷凝的水滴。

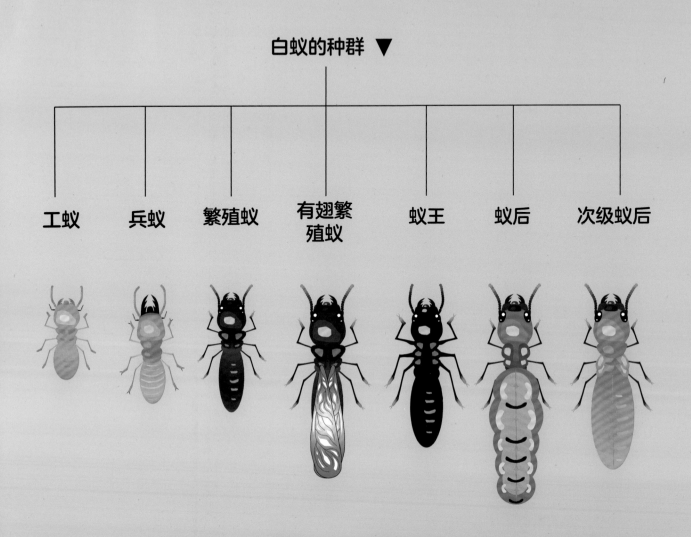

白蚁的种群 ▼

工蚁　　兵蚁　　繁殖蚁　　有翅繁
殖蚁　　蚁王　　蚁后　　次级蚁后

白蚁的天敌 ▶

食蚁兽是白蚁的天敌，它用有力的前肢撕开白蚁的巢，用长舌捕食并囫囵吞下。

空中筑巢家——红树蚁

　　红树蚁分布于我国南方，是树栖蚁种，会利用幼虫吐丝卷起鲜活树叶筑成"蚁包"栖息，大群落的红树蚁普遍有多个副巢。红树蚁生性凶猛，擅长捕食各种昆虫，因此常在农业生产上被用于生物防治。

▲ 正在切割树叶的红树蚁

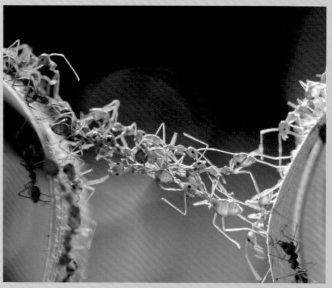

▲ 红树蚁体态轻盈，捕食时很团结

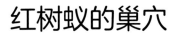

红树蚁的巢穴

红树蚁的织巢过程十分奇妙，它们把身体伸展在树枝或叶片上，然后收缩身体拉紧枝叶；若间距太远，它们就各自上下连接，形成活的"蚁桥"，把相邻的枝叶拉近。另一些红树蚁口含自己群体的老熟幼虫，迫使其在叶缝或枝条间吐丝，从而缀合、粘牢而成为蚁巢。

在织巢过程中，蚁群虽然出动千军万马，声势浩大，但工作起来却井然有序，丝毫不乱。这种把幼虫当作梭子来织巢的方法，是节肢动物中社会合作最明显的例子，所以红树蚁又称为"织巢蚁"。

丝绸的提供者——蚕

　　蚕，是蚕蛾的幼虫，是丝绸原料的主要来源，在人类经济生活和文化历史上有重要地位。它也是最早被驯化的昆虫之一。

▲ 蚕茧　　　　　　　　　　　　▲ 丝绸

　　养蚕和利用蚕丝是人类生活中的一件大事，在 4000 多年前中国对此已有记载，至少在 3000 年前中国已经开始人工养蚕。

蚕随着生长食欲逐渐减退乃至完全禁食，吐出少量的丝，将腹足固定在蚕座上，头胸部昂起，不再运动，好像睡着了一样，称为"眠"。

　　眠中的蚕，外表看似静止不动，体内却进行着脱皮的准备。脱去旧皮之后，蚕的生长就进入到一个新的龄期，最终将会结茧变成成虫。

蚕蛾产下卵→孵蚕→变蛹→化蛾，完成新一代的循环。这就是"蚕的一生"。

蚕蛾的形状像蝴蝶，全身披着白色鳞毛，但由于两对翅较小，已失去飞翔能力。

除粪高手——圣甲虫

圣甲虫生活在草原、高山、沙漠和丛林等地。只要有动物粪便的地方，就会有它们勤劳的身影。在广大的甲虫世界里，圣甲虫是最神奇的种类之一，它们的身体外面套着闪出青铜色、弱翠绿或者深蓝色光芒的盔甲。在古埃及，人们将这种甲虫作为图腾之物。当法老死去时，他的心脏就会被切出来，换上一块缀满圣甲虫的石头。

从许多方面而言，圣甲虫是人类众多的好帮手之一。它们移走粪便，使人们不再看到、闻到或者踩到。而且，它们埋下粪便后并不立即吃掉，因此就增加了土壤中的氮肥。

跟蚯蚓一样，圣甲虫会耕松土壤，并使土壤换气，让土壤更适合于植物生长。它们的幼虫会吃掉粪便中寄生的蛆虫，中断了一些微生物有机体传播疾病的途径。

圣甲虫的起源

有研究表明，圣甲虫起源于3.5亿年前，那时候还没有哺乳动物出现，后来全世界出现了大型哺乳动物并四处蔓延开来，圣甲虫的种类和数量也开始激增。

圣甲虫的中药名为"蜣螂虫"。明代李时珍著《本草纲目》中记载圣甲虫还有推丸、推车客、黑牛儿、铁甲将军、夜游将军等好听的名字。李时珍解释说，因为它们能"转丸、弄丸，俗呼推车客"；又因为它们"深目高鼻，状如羌胡，背负黑甲，状如武士，故有蜣螂、将军之称"。

药用价值

夏日音乐家——蝉

　　春末夏初，蝉就"坐不住了"，它们引吭高歌，用单一而尖高的调子宣布着夏天的来临。夏末秋初，秋蝉的歌声"如怨如慕，如泣如诉"，增添了悲秋的色彩。在鸣声各异的昆虫世界中不乏动听者，但能够从春到秋、轮流似的发出各种声音、使人们一听便知道时节变化的，除了蝉之外，后无来者。

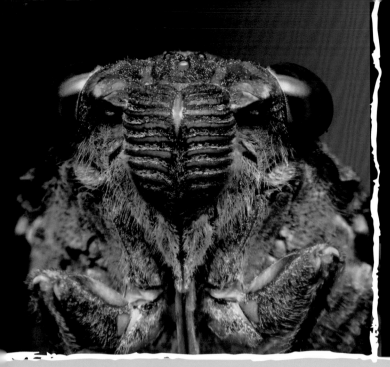

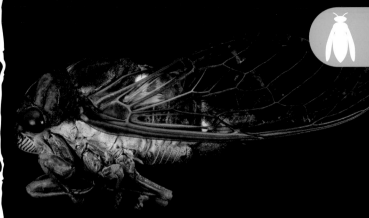

蝉喜欢把卵产在树干的细枝上。蝉找到适当的细树枝，即用胸部尖利的工具在枯枝上刺上 30 个孔或 40 个孔，蝉卵就产在这些小孔里。

当蝉蛹的背上出现一条黑色的裂缝时，蜕皮的过程就开始了。蝉蛹的前腿呈勾状，这样，当成虫从空壳中出来时，它就可以牢牢地挂在树上。蝉蛹必须垂直面对树身，否则翅膀就会发育畸形。蝉将蛹的外壳作为基础，慢慢地自行解脱，就像从一副盔甲中爬出来。整个过程需要 1 个小时左右。

当蝉的上半身获得自由以后，它又倒挂着使双翼展开。在这个阶段，蝉的双翼很软，其中的体液管凭借液体压力而使双翼伸开。当液体被抽回蝉体内时，展开的双翼就已经变硬了。

如果一只蝉在双翼展开的过程中受到了干扰，那么这只蝉将终生残废，也许根本无法飞行了。

伪装高手——角蝉

伪装大师

　　角蝉又称为"刺虫"，一些角蝉拥有的像角一样的突出物甚至更为华丽，它们借助这模仿死树叶。如果它们的伪装被识破，角蝉就会借助有力的后腿弹跳起来，迅速逃走。

▲ 停在茎上的角蝉

角蝉是一种喜欢生活在树上的昆虫。当高冠角蝉停栖在枝条上时，它头上的那顶"高冠"，很容易让人误以为这是一截枯树杈。当三刺角蝉落在长有棘刺的树木上时，它那根向后伸出的刺混在其中，更让人难以分辨真伪。

三刺角蝉的角贴着腹背向后伸出，就像是一根尖刺，如果人们不小心踩到它，那就有大麻烦了。

难以置信的是，当几只、十几只角蝉停栖在同一根枝杈上时，它们还会等距排开，看上去就如同真正的小树杈一样。角蝉用这样逼真的拟态伪装，模仿周围环境，就可以轻易地骗过敌害，保护自己了。

弄翎伐木工——天牛

天牛的头上会有两个长长的触角，是相当古老的昆虫。劳动人民看到这种壮硕的带有两个角的昆虫时，想到了在田中同人们一起勤奋劳作的牛，便给了它一个好听的名字"天牛"。

▲ 天牛

▲ 天牛的足

虽然有好听的名字，但天牛是害虫。它们以棉花和玉米等农作物为食，危害松柏等树木和房屋。天牛中数量最多、最常见的是星天牛和桑天牛。

天牛发育过程

令人讨厌的蚊子

在入睡困难的炎炎夏日，刚刚"酝酿"好睡意并准备进入梦乡的我们，经常会被耳边的"嗡嗡嗡"声所吵醒。在我们耳边发出这个声音并且很有可能让我们身上多一个痒痒的红包的昆虫，十有八九就是蚊子。

蚊子是双翅目昆虫，有雌雄之分。雌性以血液作为食物，而雄性则吸食植物的汁液。

被蚊子叮咬后为什么会痒？

蚊子的唾液中有一种具有舒张血管和抗凝血作用的物质，它使血液更容易汇流到被叮咬处。因此，被蚊子叮咬后，被叮咬者的皮肤常出现红肿、瘙痒的情况。

我飞得很快，每秒翅膀震动 594 次左右，你们可以听到"嗡嗡"的声音。

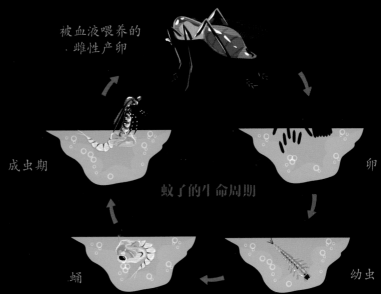

被血液喂养的雌性产卵

成虫期

蚊子的生命周期

卵

蛹

幼虫

蚊子的分布范围很广，没有地域限制，几乎世界上所有人都受到过它们的骚扰。

蚊子的身体携带着很可怕的病菌，比如疟疾、登革热、黄热病甚至脑炎等，在叮咬人的过程中，就把这些病菌传染给人。

蚊子的生命周期在 4 个月左右

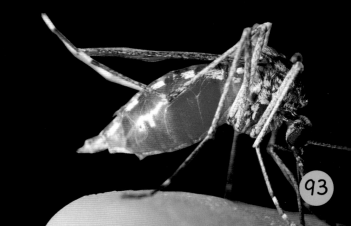

不挑食的蝗虫

一些蝗虫种类具有杂食性，也吃昆虫尸体，甚至连同类的尸体都吃。

蝗虫后腿发达，用后腿可以跳出比身体长数十倍的距离。它们是不完全变态昆虫。稚虫和成虫相似，只有翅膀有无的分别。后翅半透明。一些种类的蝗虫的翅膀退化变小。

在食品加工厂里扮演着重要的角色。它们成群结队、大量繁殖，在贫瘠的旷野中觅食；它们将无用的东西转变成有用的食物，供众多的消费者享用；这些消费者最先是禽类，然后便是常常吃禽类的人类。

——节选自《昆虫记》，［法］法布尔著

会唱歌的蝗虫

●一些种类的雄性蝗虫会发出声音吸引雌性蝗虫。它们以摩擦翅膀和后腿发出声音，与蟋蟀用前翅的发音器官发音不同。

●成虫的后脚腿节具有一列相当于弹器的突起，前翅径脉基部有相当于弦器的粗脉，二者摩擦时，振动翅的震区便可发出声音，这就是它们的发音器。

●不像自家的亲戚——螽斯和蝈蝈发声那样好听，蝗虫的"歌声"单调且苍白。当阳光充足的时候，蝗虫便会引吭高歌；当太阳落山后，蝗虫便会偃旗息鼓。有趣的是，当一块云彩遮住阳光时，蝗虫也会噤声。

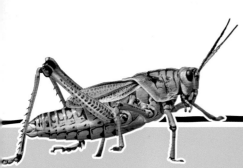

Q 可口的虫子？

全世界都有以蝗虫做食品的习惯。蝗虫的肉质松软，味美如虾。中国食用蝗虫有十分悠久的历史，人们习惯将蝗虫洗净用油炸，佐酒食用。

打不死的"小强"

悠久的历史！

　　蟑螂的学名是蜚蠊，是世界上最古老、繁衍最成功的一个昆虫类群。它们曾与恐龙、三叶虫、邓氏鱼等古老的生物生活在同一时代，甚至比陆地上第 1 只恐龙的诞生还要早 1 亿多年。

出没的环境

　　蟑螂喜欢选择温暖、潮湿、食物丰富和多缝隙的场所栖居，这就是它们孳生所需要的 4 个基本条件。有人生活的建筑物一般都具有这些条件，所以蟑螂就成了侵害千家万户卫生的害虫，遭到人类的厌恶。

有学者认为我是最有可能在大范围物种灭绝事件里存活下来的物种。

不择手段地活下去

　　当处于恶劣的环境条件下，无食又无水时，蟑螂间会发生互相残食的现象，大吃小，强吃弱。特别是刚刚蜕皮的虫子不能动弹，表皮又嫩，就成了大蟑螂竞相争食的猎物。值得一提的是，一只被人类摘掉头部的蟑螂可以存活9天，9天后它死亡的原因是过度饥渴。

小小挖掘机——蝼蛄

蝼蛄背部一般呈茶褐色，腹部一般呈灰黄色，根据其生存年限的不同，颜色稍有深浅的变化。蝼蛄前脚大，呈铲状，适于掘土，有尾须。它们生活在泥土中，昼伏夜出，吃农作物的茎。

蝼蛄能倒退疾走，在穴内尤其如此。成虫和若虫均善游泳，母虫有护卵哺幼习性。

蝼蛄的生活！

　　蝼蛄在地下生活，吃新播的种子，咬食作物根部，对幼苗伤害极大，是主要的地下害虫。它们通常栖息于地下，于夜间和清晨在地下活动。它们潜行土中，形成隧道，使作物幼根与土壤分离，因失水而枯死。蝼蛄食性复杂，为害谷物、蔬菜和树苗等。

植物杀手——蚜虫

蚜虫是繁殖最快的昆虫之一，也是地球上最具破坏性的害虫之一，大约有 250 种蚜虫对农林业和园艺业产生严重危害。

▲ 吸食植物汁液的蚜虫

蚜虫用针状刺吸口器吸食植株的汁液，使细胞受到破坏，使生长失去平衡。

▲ 被蚂蚁放牧的蚜虫

蚂蚁保护蚜虫免受气候和天敌危害，把蚜虫从枯萎植物转移到健康植物上，并轻拍蚜虫以得到蜜露。

蚜虫的天敌

　　瓢虫是蚜虫的天敌之一，部分瓢虫从幼虫到成虫都以蚜虫为食，有效地控制了蚜虫的泛滥。

◀ 正在交配的瓢虫

令人惊讶的技能

◀ **动物也可以进行光合作用？**

　　豌豆蚜虫可以收获阳光，并使用这种能量进行新陈代谢。它可能是已知唯一能进行光合作用的动物物种。

聪明的猎人——胡蜂

Q 昆虫小知识

发达的胸肌和轻盈的身体让胡蜂成为了王牌空中杀手。

令人生畏的刺。

可怕的寄生虫

▲ 黄螨

　　螨虫是一种体型微小的昆虫，它们的身体大小一般在 0.5 毫米左右。它们的数量众多，世界上已经发现了超过 5 万种螨虫，几乎遍布全球。

▲ 蜱虫

　　蜱虫主要以吸食宿主的血液为生，陆生哺乳类、爬行类、鸟类和两栖类动物都可以是它们的宿主，而且它们身上携带着多种病毒。

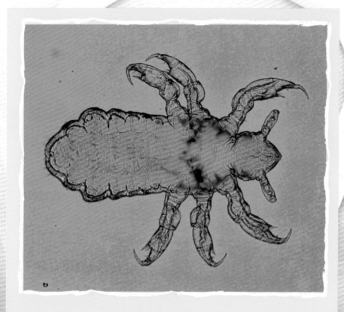

▲ 虱子

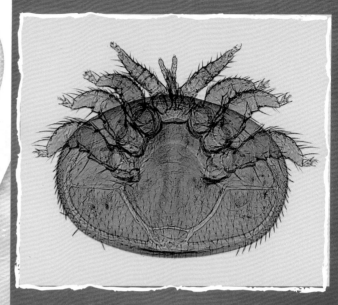

▲ 蜜蜂寄生虫

寄生虫可以改变寄主的行为，以达到自身更好地繁殖生存的目的。人类若有一些寄生在脑部的寄生虫，如终生寄生在脑部的弓形虫，反应能力就会降低。

贪婪的蜱虫

蜱虫的身体结构

●蜱虫成虫体长一般在2—10毫米，不吸血时，有米粒大小；吸饱血液后，有指甲盖大小。

●宿主包括哺乳类、鸟类、爬虫类和两栖类动物。它们大多以吸食宿主的血液为生，在叮咬的同时会造成刺伤处的发炎。

●蜱在宿主的寄生部位常有一定的选择性，一般在皮肤较薄、不易被搔动的部位。例如，全沟硬蜱寄生在动物或人的颈部、耳后、腋窝、大腿内侧等处，是非常贪婪的吸血害虫。

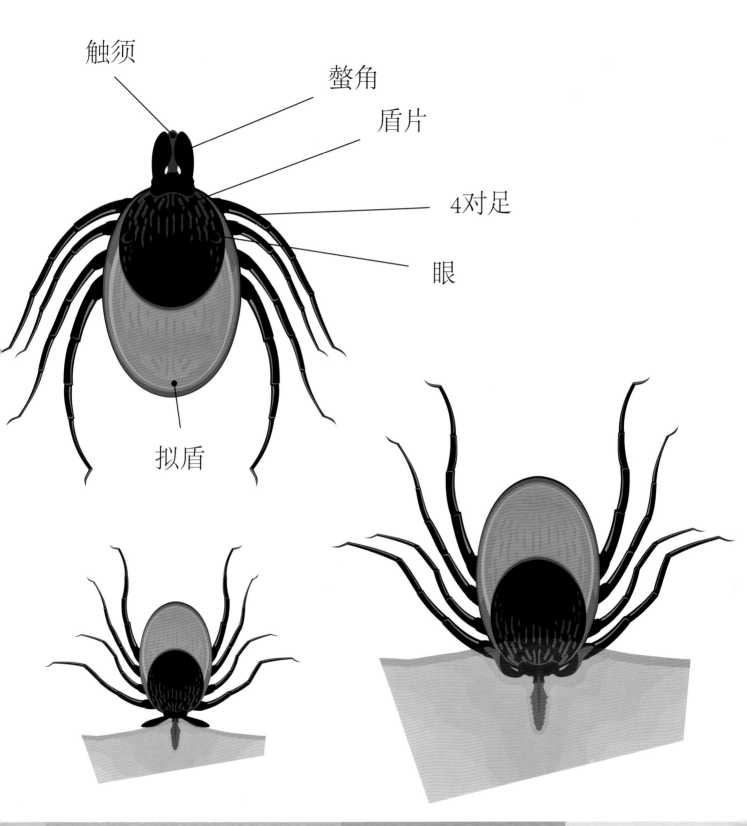

触须

螯角

盾片

4对足

眼

拟盾

跳高健将——跳蚤

在昆虫的世界里，跳蚤绝对是一个不折不扣的跳跃类冠军。成虫通常生活在哺乳类动物身上，少数生活在鸟类身上。和蚊子不一样，跳蚤雌雄均吸血。

跳远的秘密

●跳蚤身长 0.5—3 毫米，但能跳出相当于自己身长 200 倍的距离。一只发育完好的跳蚤能横向跳 3 米远，垂直距离 1.5 米高，相当于一个人可以一次跳过一个足球场那么远。

●跳蚤能跳这么高，得益于它整个后足的长度比它全身还要长，它的腿部肌肉非常发达，肌肉中含有专管跳跃的强力蛋白质可以控制跳蚤双腿的肌肉，使其强劲的收缩。

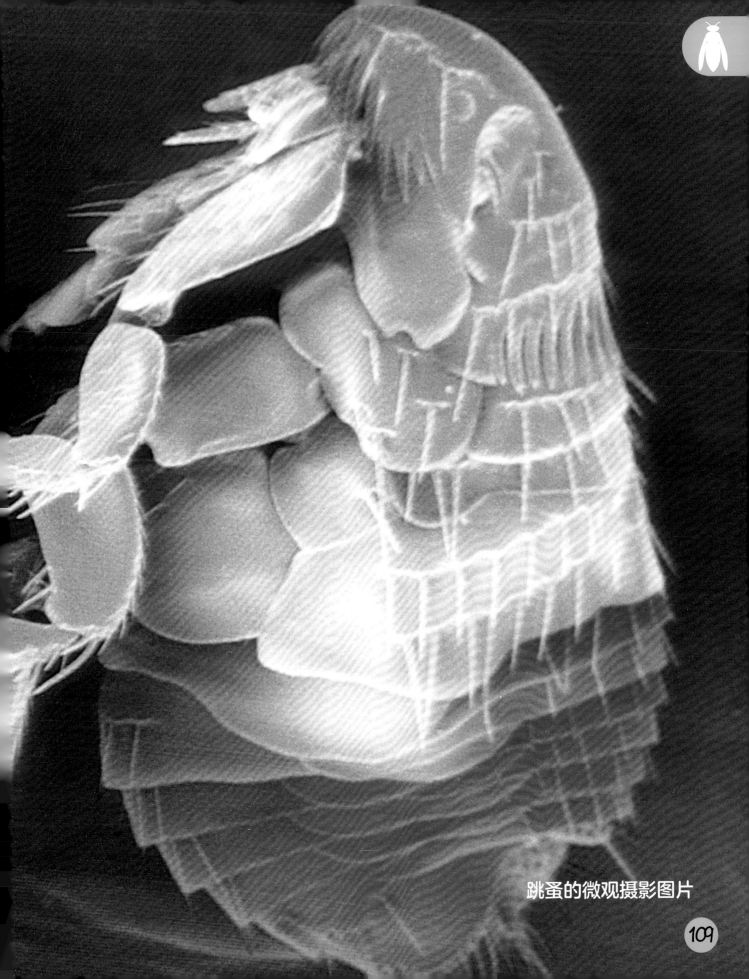

跳蚤的微观摄影图片

炫目的昆虫

昆虫王国里有很多美丽炫目的昆虫，它们有的身披美丽的鳞片，有的身着闪亮的盔甲，还有的形态优雅漂亮……让我们一起去看看吧！

美丽的蝴蝶

你好呀，小朋友，我是美丽的蝴蝶。炫目优雅的我们深受人们的喜爱。但是，为了保护美丽的翅膀，在夜间或者太阳很晒的情况下我几乎不出去活动。想了解我吗？那我就多告诉你一些吧！

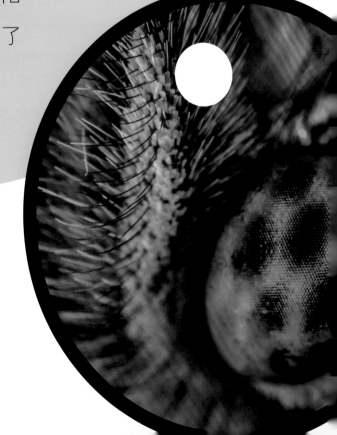

复眼可以帮助蝴蝶发现危险！

　　我们平时以花蜜、清水或者果汁等液体为食；我们的眼睛是"近视眼"，看不清世间万物，不能辨别方向，但我们的视野很广阔，可以轻易灵活地躲开危险。

轻柔秀丽的蜻蜓

蜻蜓是世界上眼睛最多的昆虫之一。蜻蜓的眼睛又大又鼓，占据着头的绝大部分，且每只眼睛由数不清的"小眼"构成，这些"小眼"都与感光细胞和神经连着，可以辨别物体的形状大小，它们的视力极好，而且还能向上、向下、向前、向后看而不必转头。

年幼的蜻蜓称为幼体，经不完全变态中的半变态方式，有时称为稚虫——是水生动物，和成虫在空中的情形一样，是水中专门的捕食者。

　　幼体从水中或水边的卵中爬出，而卵的生产方式有 3 种。有些种类把卵产在植物组织中，有些把卵黏附在表水的底层或上方，卵也可能从蜻蜓的腹部直接掉落或被冲至水中。

像星星的萤火虫

　　萤火虫依其生活环境区分为陆栖和水栖两大类，前者占大多数。陆栖萤火虫多栖于遮蔽度高、植被茂盛、相对湿度高的地方。水栖萤火虫则对环境要求更高，需要水质干净、空气清新等。

　　萤火虫幼虫分为水生和陆生两种，幼虫喜吃螺类和甲壳类动物，捕捉猎物后会先将其麻醉，再将消化液注入其身体，将肉分解。

　　中国的萤火虫在成虫阶段不再猎取食物，或者仅仅食用花粉及露水等。还有一些萤火虫可通过模仿其他种类萤火虫的雌性闪光来"引诱"雄性并将其吃掉。

萤火虫可以用"灯语"交流

　　它们可以通过"灯语"来交流，互相传递，沟通信息。同一种萤火虫的雄虫和雌虫之间能用"灯语"联络，完成求偶过程。

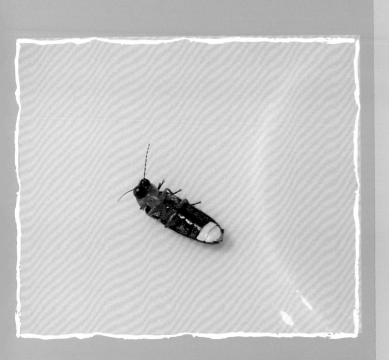

　　萤火虫体内有一种磷化物——发光质，经发光酵素作用，会引起一连串化学反应，使其尾部发光。

　　常见萤火虫的发光颜色有黄色和绿色，有时也为红光或橙红色。颜色不同是因为荧光素酶的立体构造不同，与发光体结合紧密就发绿光，反之则发红色或橙红色的荧光。

彩虹的眼睛——吉丁虫

吉丁虫是一种极为美丽的甲虫，一般体表具有多种色彩的金属光泽，色彩绚丽异常，也被喻为"彩虹的眼睛"。

绚丽多彩的甲壳

恶名昭彰

除了"彩虹的眼睛"这么美丽的名字之外，它还有一个可怕的名字——"爆皮虫"。

◀ 被啃食过的树木

因为吉丁虫幼虫体长且扁，呈乳白色，大多蛀食树木，也有潜食于树叶中的，严重时能使树皮爆裂，故名"爆皮虫"。

正在产卵的吉丁虫 ▼

黑脉金斑蝶

黑脉金斑蝶的迁徙

　　黑脉金斑蝶是美洲最著名的蝴蝶种类之一，以其壮观的长距离年度迁徙而闻名。

层层叠叠的蝴蝶。

我们成群结队地落到树上，树上就像开满了花，壮观极了。

　　黑脉金斑蝶是地球上唯一的迁徙性蝴蝶，每年都会进行迁徙。在北美洲的黑脉金斑蝶不耐霜冻，因此会于 8 月至 9 月向南迁徙，并于春天向北回归。

　　在澳大利亚，黑脉金斑蝶会有限度地迁徙。雌蝶会在迁徙时产卵。到了 10 月，洛矶山脉的群族会迁徙到墨西哥米却肯州的神殿内，西方的群族会在美国加利福尼亚州南部过冬。

优雅的刀客——螳螂

害虫杀手

　　拥有保护色的螳螂经常会被笨头笨脑的蝗虫等害虫"视而不见"，这些害虫在螳螂"手起刀落"后成了螳螂的美餐。利刃在手的它们，一生中能捕捉并吃掉上千只害虫。

守时的螳螂

　　螳螂是一个"守时专家"，即使在黑暗中，它们仍能严格遵循昼夜交替的规律来安排自己的活动，甚至能精确到和地球自转的周期几乎相同，这就是它们的"生物钟"。

凶残的螳螂家族

●螳螂头部呈三角形，能灵活转动；复眼突出，大且明亮，单眼3个；触角细长；颈可自由转动；咀嚼式口器，上颚强劲。前翅皮质，为覆翅，缺前缘域，后翅膜质，臀域发达，扇状，休息时叠于背上。腹部肥大。前足腿节和胫节有利刺，胫节镰刀状，常向腿节折叠，形成可以捕捉猎物的前足。前足捕捉，中足、后足适于步行。

●螳螂是肉食性昆虫，猎捕各类昆虫和小动物，在田间和林区能消灭不少害虫，因而是益虫。它们生性残暴好斗，缺食时常有"大吞小"和"雌吃雄"的现象。分布在南美洲的个别种类还会不时攻击小鸟、蜥蜴或蛙类等小动物。

兰花螳螂

兰花螳螂产于东南亚马来西亚的热带雨林地区，很多不同种类的兰花都会生长着相对应的兰花螳螂。它们拥有最完美的伪装，而且能随着花色的深浅调整身体的颜色。

Q 昆虫小知识

螳螂都是昼行性的昆虫，具有高度的掠食本能，即使是同类，也一样互相捕食。

高明的猎手

　　兰花螳螂应该算是螳螂目中最漂亮、最抢眼的一种了。它们的步肢演化出类似花瓣的构造和颜色，可以在兰花中拟态而不会被猎物察觉。最适合螳螂的掠食方式是守株待兔。它们算是最高明的掠食者之一。

▲ 像盛开的兰花

炫目的彩虹锹甲

彩虹锹甲是澳洲北部和新几内亚岛的"特产"，全属仅一种。它们翅鞘上光鲜亮丽的金属色泽会让见过它们的人，就算是害怕虫子的人，也惊叹不已。

瞧瞧我美丽的金属色外壳！

珍稀物种

彩虹锹甲在澳洲属于保护动物。因为甲虫爱好者的狂热，还是有一些个体流出到海外。目前市场上的个体基本都是人工养殖的，野生个体禁止买卖。

美丽的彩虹锹甲

它们充满金属质感的翅鞘所蕴藏的美丽色泽是物理色，即使它们被制成标本，颜色也不会减退，是大自然鬼斧神工的真实写照。它们是全世界最美丽的甲虫之一。

外形特征

彩虹锹甲的大颚向上弯曲，和其他锹甲最大的不同在羽化时期。大多锹甲的大颚在羽化时就已经固定了大小，但彩虹锹甲的颚会伴随羽化慢慢充血膨胀起来，比起锹甲，其实它们更像双叉犀金龟。

▲ 彩虹锹甲

▲ 双叉犀金龟

古怪的昆虫

　　昆虫王国里还有很多古怪的昆虫，它们样子奇特甚至丑陋，让人看了会情不自禁地起一身鸡皮疙瘩。这些古古怪怪的昆虫好多都是有毒的，小朋友看到了可不要乱碰它们哦！

善于伪装的竹节虫

竹节虫目昆虫通称为竹节虫，体形较大或中等，因为身体形态和竹节相似而得名。

▲ 正在捕食的竹节虫

会变色的昆虫

竹节虫体色多为绿色或褐色，高温、低温、暗光都可使其体色变深；相反，则体色可变浅。它们白天与黑夜体色不同，为节奏性体色变化。

我会根据光照强度不同来调节身体的颜色。

逃命大师

●竹节虫算得上著名的"伪装大师"，当它们栖息在树枝或竹枝上时，活像一支支枯枝或枯竹，很难分辨。

●当它受到侵犯飞起时，突然闪动的彩光会迷惑敌人。但这种彩光只是一闪而过，当竹叶虫着地并收起翅膀时，彩光就突然消失了。

●当遇到危险时，竹节虫甚至会主动断腿来逃跑。当然，它有很强的再生能力，断掉的腿是可以长回来的。

吸血害虫——牛虻

牛虻，虻的俗称，为中型到大型的种类，强壮，有软毛。

出没地点

近水且温度高的地方常见牛虻，它们飞行迅速，有时吸取花蜜，但普遍好血性。雌虫有强度螯刺能力，牛、马等厚皮动物亦易受其侵袭。

我可以轻易地叮入牛、羊等动物的皮肤里！

巨大复眼可以帮助我观察到四周的危险！

药用价值！

虽然制造了很多麻烦，但是我也有很大的药用价值，是常用的中药材之一！

长鼻子的象鼻虫

象鼻虫的名字就能让聪明的你想到大象的鼻子，没错！象鼻虫的嘴巴很像大象的鼻子，但不同的是，象鼻虫家族的成员可不像大象一样体态庞大，它们家族中个头儿比较大的和小仓鼠差不多大，小的只有跳蚤那么大。

象鼻虫不会咬人，成虫具有假死的习性，并且有一些大型的种类还挺好玩的呢！

它们的"象鼻子"旁边还长有触角。象鼻虫是害虫，主要以花木果蔬为食，可以灵活转动的头部钻入植物的根、茎、叶或果实中，危害农作物。

我鼻子的长度可以占到身体的一半！

恐怖的毛毛虫

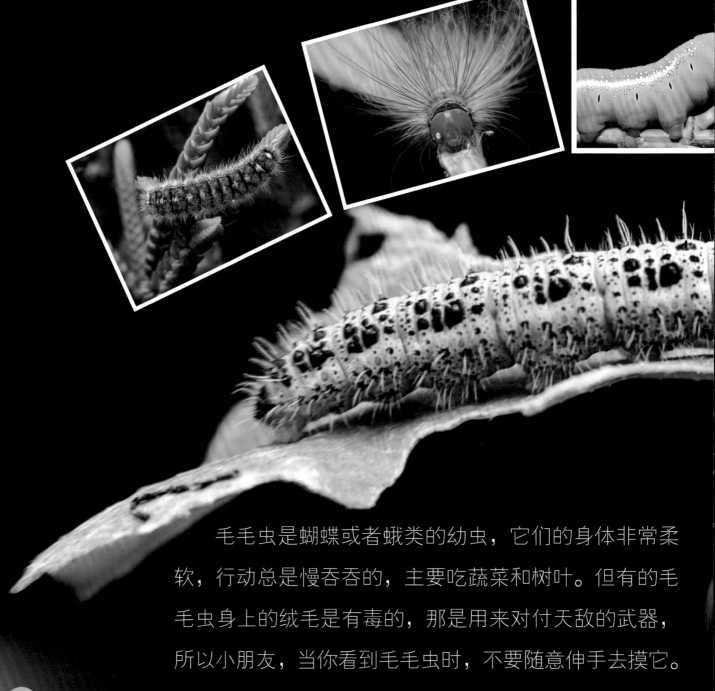

毛毛虫是蝴蝶或者蛾类的幼虫，它们的身体非常柔软，行动总是慢吞吞的，主要吃蔬菜和树叶。但有的毛毛虫身上的绒毛是有毒的，那是用来对付天敌的武器，所以小朋友，当你看到毛毛虫时，不要随意伸手去摸它。

没有翅膀的毛毛虫是很受天敌们"喜欢"的。

凶猛的食芽蝇

食蚜蝇是蚜虫的天敌昆虫，以幼虫捕食蚜虫而著称。

◀ 蚜虫是我可口的食物

Q 昆虫小知识

食蚜蝇本身无螫刺或叮咬能力，但常有各种拟态，在体形、色泽上常摹仿黄蜂或蜜蜂，且能仿效蜂类作螫刺动作。小朋友，你们看看它是不是很像蜜蜂呢？

捕食性食蚜蝇也可以其他昆虫为食，如捕食鳞翅目的幼虫、叶蜂幼虫等，甚至捕食其他食蚜蝇的幼虫。

◀一旦叮住，绝不松口。

这可不是昆虫

　　生活中有些被称为"虫子"的生物却不是昆虫哦！比如在墙角努力结网的蜘蛛、在花园里松土的蚯蚓、在砖石缝中的蜈蚣等。

网上杀手——蜘蛛

蜘蛛对人类有益又有害，但就其贡献而言，它们主要是益虫。它们的身体分头胸部和腹部。部分种类的头胸部背面有胸甲，头胸部前端通常有 8 个单眼。

蜘蛛是节肢动物

蜘蛛如何纺丝

蜘蛛的肚子里有许多丝浆，它们的尾端有很小的孔眼。结网的时候，蜘蛛便将这些丝浆喷出去。丝浆一遇到空气，就凝结成有黏性的丝，用这种丝所结成的网黏度很高，体态小的飞虫，一撞上就别想再跑掉。

蜘蛛在哪里？

　　蜘蛛的种类繁多，分布较广，适应性强。它们能生活或结网在土表、土中、树上、草间、石下、洞穴中、水边、低洼地、灌木丛、苔藓中、房屋内外，或栖息在淡水中（如水蛛）、海岸湖泊带（如湖蛛）。总之，在水、陆、空都有蜘蛛的踪迹。

凶名在外的蜘蛛

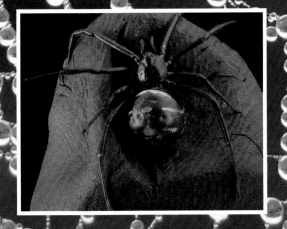

▲ 黑寡妇

▲ 狼蛛

1 眼睛和大脑　　8 腿
2 触肢　　　　　9 吸胃
3 毒液　　　　　10 主动脉
4 嘴　　　　　　11 心脏
5 毒腺　　　　　12 肠
6 毒牙　　　　　13 书肺
7 食管　　　　　14 消化盲囊

蜘蛛的生理

结构

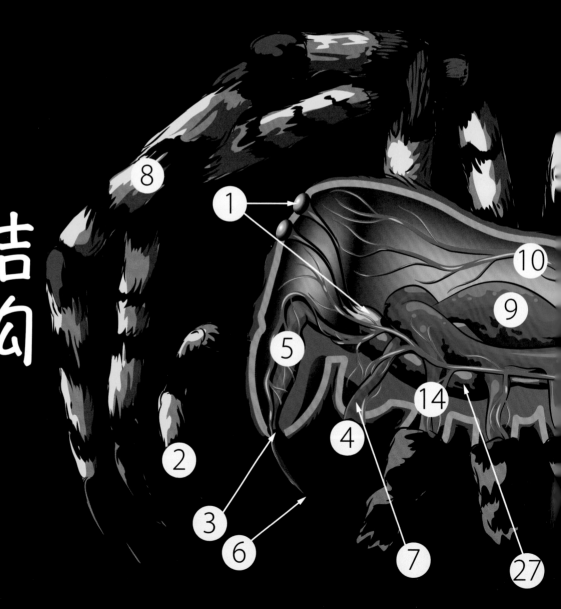

15 卵巢
16 输卵管
17 肝管
18 侧血管
19 马尔皮基管
20 膀胱
21 肛门

22 吐丝器
23 丝线
24 气管
25 雌孔板
26 胰腺
27 胸腺

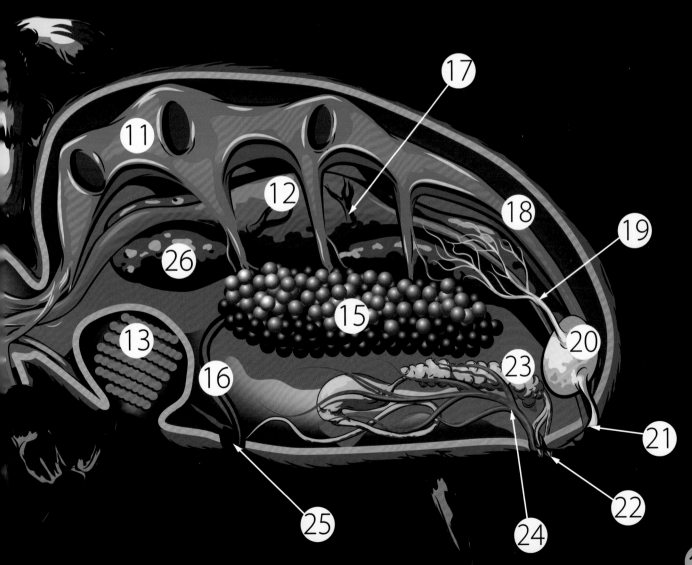

威武的将军——蝎子

蝎子是蛛形纲动物，蜘蛛与鲎亦同属蛛形纲。成蝎外形好似琵琶，全身表面都是高度甲壳质的硬皮。最引人注意的就是它那可怕的尾巴了，人或动物如果被蛰到可就有苦头吃了。

蝎子的种群

无论是自然界中的野生蝎，还是人工养殖的家养蝎，都是以若干个体组成的种群生活在同一栖息环境中。无论种群的密度大小、结构如何，其内部个体间均发生着密切且复杂的联系。这些联系有些是合作互利的，有些则是相互制约的。

蝎子属国家重点保护动物,1只蝎子1年可捕杀蝗虫等有害昆虫1万多只。大肆捕捉蝎子使其数量锐减,结果会导致有害昆虫大量繁殖,严重破坏生态平衡,对农作物造成破坏。

背着仔蝎前行的母蝎

仔蝎自母体产出后,都爬到母背上,寻求保护。此时母蝎担负着保护仔蝎的责任,随时保持警惕,谨防仔蝎受到伤害。

蝎子可以闻到很多味道

蝎子对各种强烈的气味,如油漆、汽油、煤油、沥青以及各种化学品、农药、化肥、生石灰等有强烈的回避性,可见它们的嗅觉十分灵敏。这些物质的刺激对蝎子是十分不利的,甚至会致其死亡。

耕种小助手——蚯蚓

蚯蚓是环节动物，雌雄同体，体形圆长且柔软，外表丑陋，经常穿穴泥中，能改良土壤，对生态环境有很大帮助！

大胃王！

蚯蚓是杂食性动物。它们除了玻璃、塑胶和橡胶不吃，其余如腐殖质、动物粪便、土壤细菌等以及这些物质的分解产物都可以吃，甚至金属也可以吃。

被切断的蚯蚓可以变成两个吗？

南京大学有位始终研究"蚯蚓"的教授指出，通过实验表明，一条蚯蚓被从中间切开后不可以再生为两条蚯蚓，而只有包含脑神经结的一端可以活下去。

我每年能翻转20—40吨泥土。

百足之虫——蜈蚣

我是典型的肉食性动物，生性凶猛，食物范围广泛。

多足生物

蜈蚣为陆生节肢动物，身体由许多体节组成，每一节上均长有步足，故为多足生物。

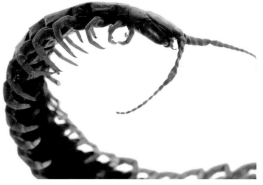

蜈蚣特写

蜈蚣钻缝能力极强，往往以灵敏的触角和扁平的头板对缝穴进行试探，岩石和土地的缝隙大多能通过或栖息。种群密度过大或受惊扰过多时，蜈蚣会因互相厮杀而死亡。

多出现在阴暗角落

蜈蚣性畏日光，昼伏夜出，喜欢在阴暗、温暖、空气流通的地方生活。

我的眼睛在这里!

蜗牛

蜗牛是陆地上生活的螺类,取食腐烂植物质,产卵于土中。它们在热带岛屿(如古巴)最常见,但也见于寒冷地区(冬天蛰伏)。树栖种类的色泽鲜艳,而地栖种类通常为单色。

▲ 进食的蜗牛

▲ 蜗牛的壳

蜗牛的牙齿

蜗牛是世界上牙齿最多的动物。虽然它的嘴大小和针尖差不多，但是却有2.6万多颗牙齿。在蜗牛的小触角中间往下一点的地方有一个小洞，这就是它的嘴巴，里面有一条锯齿状的舌头，科学家们称之为"齿舌"。

我每到冬天就分泌出黏液形成一层干膜封闭壳口，全身藏在壳中来冬眠。

这是我的鼻子！

马陆

马陆属于多足纲动物，全世界共有 1 万多种多足纲动物，包括蜈蚣。世界上最大的千足虫是赤马陆，可达 30 厘米长，身围直径有 2.5 厘米。它们的身体黝黑光亮，有时还有红色条纹。被触碰后，它们的身体会扭转成螺旋形。

马陆的卵

  马陆的卵产于草坪土表，卵成堆产，卵外有一层透明黏性物质，每条马陆可产卵 300 粒左右。在适宜温度下，卵经 20 天左右孵化为幼体，数月后成熟。马陆 1 年繁殖 1 次，寿命可达 1 年以上。

我可没有1000条腿。事实上，我的脚足不到200对。

史前密码

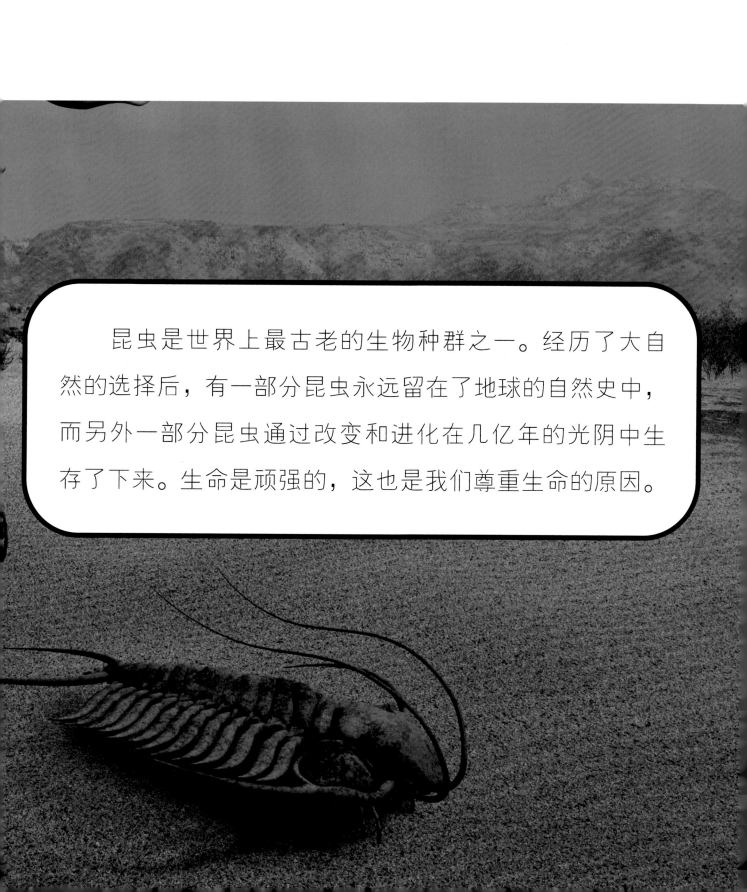

昆虫是世界上最古老的生物种群之一。经历了大自然的选择后，有一部分昆虫永远留在了地球的自然史中，而另外一部分昆虫通过改变和进化在几亿年的光阴中生存了下来。生命是顽强的，这也是我们尊重生命的原因。

史前蜻蜓

巨大而又古老

　　蜻蜓作为最古老的昆虫之一，其历史最早可追溯到 3.2 亿年前，那时它们的体态要大得多，食物也是诸如蜥蜴大小的动物或是其他昆虫。

　　●在我国的准噶尔盆地西北边缘曾发现距今 2 亿年的史前蜻蜓化石，是我国中生代已知的第二大蜻蜓类化石。

　　●在内蒙古宁城侏罗纪道虎沟村的化石层中还发现了一颗保存几近完整的蜻蜓前翅化石，是我国已知蜻蜓目最大的种类，也是世界第四大的蜻蜓。

史前蜻蜓的想象图

三叶虫

　　三叶虫最早出现于寒武纪，在古生代早期达到顶峰，此后逐渐减少至灭绝。最晚的三叶虫于 2.5 亿年前二叠纪结束时的生物集群灭绝中消失。三叶虫是非常知名的化石动物，其知名度可能仅次于恐龙。

　　多数三叶虫有眼睛，它们还有可能用来作为味觉和嗅觉器官的触角，触须长可达 20—30 厘米。

三叶虫化石

名字的由来

在漫长的时间长河中，三叶虫演化出繁多的种类，有的长达 70 厘米，有的只有 2 毫米。它们的背甲为 2 条背沟纵向分为 1 个轴叶和 2 个肋叶，因此得名"三叶虫"。

生活方式

三叶虫与珊瑚、海百合、腕足动物、头足动物等动物共生，大多于浅海底栖爬行或半游泳生活，还有一些三叶虫在远洋中游泳或漂浮生活。

史前蜈蚣

史前蜈蚣的想象图

巨大的怪物

　　史前蜈蚣生活在石炭纪时期，在距今3亿年前的二叠纪时期灭绝。它们的身长可达到约2.5米，外形与现代蜈蚣类似，是陆地上的第一批无脊椎动物之一，在陆地上几乎没有天敌。但这种灭绝在3亿年前的"怪物"已经不会再出现在人类的视野中。

吃昆虫的植物

猪笼草

名字的来历

　　猪笼草拥有一个独特的吸取营养的器官——捕虫笼，捕虫笼呈圆筒形，下半部稍膨大，笼口上具有盖子。因其形状像猪笼而得名。

复杂的结构

　　猪笼草叶的构造复杂，分叶柄、叶身和卷须，卷须尾部扩大并反卷形成瓶状，可捕食昆虫。

它是怎样捕食昆虫的？

猪笼草具有总状花序，开绿色或紫色小花，叶顶的瓶状体是捕食昆虫的工具。瓶状体的瓶盖复面能分泌香味，引诱昆虫。瓶口光滑，昆虫会滑落瓶内，被瓶底分泌的液体淹死，并分解出营养物质，逐渐被猪笼草消化吸收。

捕蝇草

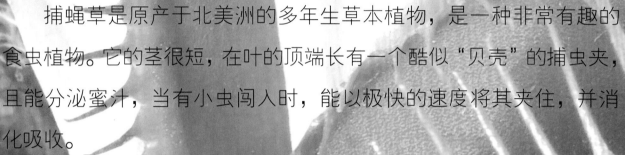

　　捕蝇草是原产于北美洲的多年生草本植物，是一种非常有趣的食虫植物。它的茎很短，在叶的顶端长有一个酷似"贝壳"的捕虫夹，且能分泌蜜汁，当有小虫闯入时，能以极快的速度将其夹住，并消化吸收。

捕蝇草还有"苍蝇的地狱"这个别名。其叶片边缘有规则状的刺毛，能够很迅速地关闭叶片捕食昆虫，这是一种和其远亲猪笼草一样的食肉植物。

◀ 捕捉昆虫的捕蝇草

图书在版编目（ＣＩＰ）数据

昆虫那些重要的事 / 蒋庆利编著 . -- 长春 : 吉林出版集团股份有限公司，2023.1（2024.1 重印）
ISBN 978-7-5731-3002-0

Ⅰ . ①昆… Ⅱ . ①蒋… Ⅲ . ①昆虫—少儿读物 Ⅳ . ① Q96-49

中国国家版本馆 CIP 数据核字（2023）第 036229 号

KUNCHONG NAXIE ZHONGYAO DE SHI

昆虫那些重要的事

编　　著：蒋庆利
责任编辑：田　璐　张婷婷
封面设计：宋海峰
出　　版：吉林出版集团股份有限公司
发　　行：吉林出版集团青少年书刊发行有限公司
地　　址：吉林省长春市福祉大街 5788 号
邮政编码：130118
电　　话：0431-81629808
印　　刷：唐山富达印务有限公司
版　　次：2023 年 1 月第 1 版
印　　次：2024 年 1 月第 2 次印刷
开　　本：889mm×1194mm　1/16
印　　张：11
字　　数：138 千字
书　　号：ISBN 978-7-5731-3002-0
定　　价：128.00 元